PAR BREVET D'INVENTION.

NOTICE

SUR LA MANUFACTURE

DES TOILES IMPERMÉABLES A L'EAU ET A L'AIR ;

DES PANÉMORES ET ANÉMOMÈTRES,

De l'invention de A. E. DESQUINEMARE, Ingénieur-Mécanicien-Hydraulique, Membre de la Société des Inventions et Découvertes, et de celle d'Encouragement.

A PARIS,

Rue Notre-Dame-des-Champs, n°. 21, faubourg Saint-Germain.

1809.

Cette Notice a été envoyée officiellement à MM. les Préfets de Départemens par Son Exc. le Ministre de l'Intérieur, Protecteur des Arts, pour faire connoître à leurs Administrés les trois découvertes qui y sont énoncées et qui peuvent être d'une grande utilité au Public.

PAR BREVET D'INVENTION.

NOTICE

SUR LA MANUFACTURE

DES TOILES IMPERMÉABLES A L'EAU ET A L'AIR;

DES PANÉMORES ET ANÉMOMÈTRES,

De l'invention de A. E. DESQUINEMARE, Ingénieur-Mécanicien-Hydraulique, Membre de la Société des Inventions et Découvertes, et de celle d'Encouragement;

Rue Notre-Dame-des-Champs, n°. 21, à Paris.

Le sieur DESQUINEMARE, après plusieurs années de recherches, de veilles, d'essais, d'expériences, de travaux pénibles et dispendieux, a fait les trois découvertes suivantes :

1°. UN ENDUIT, qui, appliqué par des procédés connus de l'Auteur seul, sur des toiles et taffetas, les rend imperméables à l'eau et à l'air, et d'une utilité reconnue pour nombre d'états, surtout pour la marine, les troupes de terre et de mer, le commerce, l'agriculture, les voyageurs, les aérostiers, etc;

2°. UN PANÉMORE stable et portatif, qui fait moudre une plus grande quantité de blé que les moulins ordinaires, et qui, établi au bord d'une rivière ou d'une source abondante, et adapté à de *nouvelles pompes sans piston, non sujètes à réparation, de son invention également*, fait monter l'eau sans interruption à 5 et 600 pieds de hauteur : le moindre vent le fait mouvoir; et, lorsqu'il augmente, il fait agir plusieurs pompes à-la-fois. Cette découverte paroîtra d'autant plus utile, qu'elle peut servir à procurer à peu de frais de l'eau dans tous les lieux, même les plus élevés, et à établir des usines; elle doit être surtout d'un grand secours dans les cas d'incendie, pour les desséchemens des marais, des lacs et étangs, et à la marine pour les vaisseaux lorsqu'ils ont des voies d'eau.

On trouvera à la fin de cet ouvrage un tableau comparatif des avantages du Panémore, *et de ceux des* Moulins à vent *connus jusqu'à ce jour.*

3°. Un Anémomètre marquant, outre les heures, sur un carton avec un crayon, la force et le côté du vent : cet instrument, dont le carton mobile devra être changé toutes les vingt-quatre heures, ne peut manquer d'être apprécié des habiles marins ; il leur fera prévoir, s'ils ne peuvent l'éviter, les effets funestes des tempêtes, en les leur annonçant ; il servira encore à prouver à leurs commettans, en conservant les cartons qui leur auront servi, et qui viendront à l'appui de leur journal de bord, le zèle qu'ils auront apporté dans leur service.

Ces trois découvertes ont obtenu l'approbation de tous les savans chargés de les examiner, et les expériences multipliées qu'on en a faites, tant à Paris que dans les départemens, ont affermi l'auteur dans l'idée qu'il s'étoit formée de leur utilité. — Une médaille d'encouragement, les honorables félicitations des Ministres de l'Intérieur et de la Marine, et d'un grand nombre de fonctionnaires publics de tous grades, un brevet d'invention pour quinze années, *telles sont les récompenses qu'il a déjà obtenues.*

TOILES ET TAFFETAS IMPERMÉABLES A L'EAU ET A L'AIR.

Parmi les diverses épreuves que les commissaires nommés par S. Exc. le Ministre de l'Intérieur (MM. *Mongolfier, Bardelle et Scipion Perrier, membres de la commission du Commerce et des Arts*) furent chargés de faire sur les toiles et taffetas imperméables, il suffira d'en citer une seule :

Ils firent bouillir à gros bouillon, pendant près d'une heure, dans une cafetière, des bandes de toile enduites en rouge d'un côté et en noir de l'autre, et des bandes de taffetas en jaune citron, sans qu'au bout de cet intervalle l'eau eût été altérée, et que les toiles et taffetas eussent rien perdu de leur qualité, et les couleurs de leur éclat. Après nombre d'autres épreuves que les commissaires firent entr'eux, et dont ils renouvelèrent quelques-unes en présence de la commission, ils présentèrent leur rapport au Ministre de l'Intérieur qui, le 2 floréal an IX, écrivit au sieur *Desquinemare* la lettre suivante :

« *Les commissaires que j'avois chargés d'examiner l'enduit de votre*
» *composition, qui rend les toiles et taffetas imperméables à l'eau et à l'air,*
» *viennent, Monsieur, de me remettre leur rapport ; j'y ai vu que cet*
» *enduit réunissoit plusieurs avantages, et qu'il pourroit être employé*
» *avec succès dans les départemens de la guerre et de la marine. Le désir*
» *que j'ai de vous mettre en état d'utiliser votre découverte, m'a dé-*
» *terminé à écrire aux ministres de ces départemens; je ne doute pas qu'ils*
» *ne mettent à profit vos connoissances.*

» *Quoi qu'il en soit, Monsieur, il m'est fort agréable de payer à votre » zèle le tribut d'éloges qui lui est dû, et je me plairai toujours à vous » témoigner le vif intérêt que je prends à vos travaux. Je vous salue.* » Signé à l'original, Chaptal.

Une opinion aussi flatteuse ne pouvoit que confirmer les témoignages accordés à l'auteur sur la bonté de ses toiles; il s'en servit pour confectionner des seaux à incendie, qui furent reconnus infiniment supérieurs à ceux en cuir employés jusqu'alors. Ceux que M. le Conseiller-d'Etat, Comte de l'Empire, Préfet de police de Paris, lui fit commander pour le gouvernement, justifièrent cette assertion.

MM. *Lelièvre, le Fèvre et Gillet-Laumon*, membres du conseil des mines; M. *Bonnet*, conservateur du théâtre de l'Opéra; M. *Hurtaut*, inspecteur des bâtimens du palais du gouvernement; M. *Ledoux*, commandant en chef du corps des pompiers; MM. *Fontaine* et *Charles Percier*, architectes du palais du gouvernement; M. *Rebeillau*, inspecteur des fontaines et des travaux publics, à Paris; et M. *Bralle*, ingénieur-hydraulique en chef du département de la Seine, lui ont donné, chacun séparément, des attestations qui constatent d'une manière non équivoque cette préférence accordée à ses seaux de toile sur ceux de cuir à incendie. M. *Bralle*, entr'autres, s'exprime ainsi dans son certificat du 15 nivose an X :

« *L'ingénieur-hydraulique en chef du département de la Seine certifie que » les paniers à incendie de l'invention du sieur* Desquinemare, *dont le gou- » vernement a fait usage dans divers établissemens publics, sont préférables, » sous divers rapports, aux anciens seaux doublés en cuir dont on faisait » usage avant la découverte de ceux-ci qui sont doublés en toile imperméable » à l'eau et à l'air, qui coûtent moins cher que les premiers, qui durent » davantage, qui sont moins lourds, et qui en un mot méritent la préférence; » en foi de quoi j'ai délivré le présent certificat.* » Signé à l'original, Bralle.

M. le Conseiller-d'Etat Préfet de police confirme lui-même cette attestation en s'exprimant ainsi dans son certificat particulier du 20 ventose an XI, enregistré dans ses bureaux, à la sixième division, n°. 582, fol. 65 :

« *Le Conseiller-d'Etat Préfet de police, sur la demande du sieur* » Desquinemare, *fabricant de toiles imperméables, demeurant rue » Notre-Dame-des-Champs, n°. 21; vu le rapport fait en commun par l'in- » génieur-hydraulique en chef du département de la Seine, par l'inspec- » teur-général de la salubrité, et l'ingénieur en chef du corps des pompiers;*

» *Certifie que les seaux à incendie fournis depuis plusieurs années par » le sieur* Desquinemare *pour la commune, ne se sont pas détériorés; que*

» *les toiles qui les garnissent résistent à la sécheresse comme à l'humidité ;* » *qu'ils ne sont pas sujets à être rongés par les rats et souris, ni piqués* » *des vers comme le sont ordinairement ceux doublés en cuir ; qu'ils durent* » *beaucoup plus long-temps que les autres ; qu'ils coûtent aussi moins cher,* » *et que sous tous les rapports ils méritent la préférence sur les seaux* » *doublés en cuir ; en foi de quoi il lui a été délivré le présent certificat ;* » *le Conseiller-d'Etat, Préfet.* » Signé à l'original, DUBOIS.

Toutes les épreuves faites jusqu'à ce jour ont constamment donné les mêmes résultats. L'auteur, jaloux non seulement du suffrage des Autorités les plus respectables, mais encore de celui du Public, n'a jamais hésité à faire subir à ses toiles et taffetas celles qui ont pu lui être indiquées.

M. le contre-amiral *de la Touche-Tréville*, pensant que l'usage des toiles imperméables pourrait être utile au service de la marine, voulut bien en faire quelques essais.

En présence du Ministre de la Marine (*Forfait*) il renferma de la poudre à canon dans un morceau de ces toiles ; elle y fut fortement liée, et plongée dans l'eau pendant trente-six heures ; au bout de ce temps, la poudre jetée au feu produisit une explosion égale à celle qui n'aurait pas été soumise à une pareille épreuve.

M. *Peytès-Moncabrié*, chef militaire et des mouvemens maritimes au Hâvre, s'exprime ainsi dans son certificat du 19 thermidor an IX :

« *Le chef militaire et des mouvemens maritimes au Hâvre certifie que,* » *d'après l'invitation du sieur* Desquinemare, *il a assisté à une expérience* » *faite dans le bassin du Hâvre, et que les résultats ont produit :*

» *Que les hardes d'un marin, qui avaient été mises dans un sac enduit* » *d'une composition qui rend la toile imperméable à l'eau et à l'air, n'ont* » *point été mouillés ;*

» *Que ce sac a servi à soutenir ce marin sur l'eau, et qu'il est constant* » *que de semblables sacs seraient fort utiles à bord des bâtimens pour con-* » *server les hardes des équipages, et soutenir même les hommes sur l'eau* » *en cas de naufrage.* » Signé à l'original, PEYTÈS-MONCABRIÉ.

M. le Commandant en chef de la 7e. division de la flotille de la Manche, le sous-Commissaire de marine par *interim*, l'Ingénieur en chef des ponts et chaussées, chargé des travaux maritimes de Dieppe, ainsi que tous les capitaines commandant les bateaux canonniers, et chefs de section, ont également certifié depuis :

« *Qu'ayant été invités par le sieur* Desquinemare *d'assister à une ex-* » *périence d'un sac enduit d'une composition qui rend la toile imper-* » *méable à l'eau et à l'air* (de son invention), *ils ont été convaincus que*

» *les effets qui avaient été mis dans ce sac en avaient été retirés très-» secs, et nullement imprégnés d'eau ; qu'en outre, ce sac avait soutenu » sur l'eau le marin qui s'en était servi, sans que ce dernier fît aucun » mouvement pour y rester ; ce qui ne peut être que très-avantageux en » cas de naufrage pour ceux qui ne savent pas nager. Ils pensent cepen-» dant qu'il est nécessaire que ce sac puisse être lié à l'homme qui s'en » sert, pour éviter tous les événemens qu'occasionnent la crainte, la » fatigue, l'ignorance de la natation et la grosse mer.* » Signé à l'original, J. M. LE BOUCHER ; LE TETU, fils ; FÉRÉ ; BORIUS, commandant de la 7e. division ; JOURDAIN, chef de la 1re. section, et TARBÉ.

Ces deux épreuves faites au Hâvre et à Dieppe, ont été réitérées à Paris, le 13 vendémiaire an XI, par M. *Bralle*, ingénieur-hydraulique en chef, et M. *Mangin*, inspecteur-général de la navigation, qui en ont approuvé l'efficacité complète, par procès-verbal du 28 du même mois, lequel a été remis à M. le Conseiller-d'Etat Préfet de police, qui l'a fait passer à S. Exc. le Ministre de la Marine.

Par suite des ordres de ce Ministre, il a été nommé des commissions dans les ports de Brest, Toulon et Rochefort, à l'effet d'examiner l'utilité des toiles imperméables pour le service de la marine. Après un grand nombre d'épreuves réitérées, les commandans ont déterminé l'usage de ces toiles pour une infinité d'objets, et l'ont attesté par des procès-verbaux envoyés à S. Exc. *Tous ceux désignés par la commission de Toulon sont portés au tableau ci-après.* (Article de la Marine, n°. LXXI.)

L'imperméabilité des toiles et taffetas étant constatée par des témoignages aussi authentiques, il ne peut exister de doute sur l'importance et l'utilité de cette découverte qui est propre à tant d'états : son admission à l'exposition du Louvre et son débit journalier sont, pour le Public, une nouvelle preuve de l'attention qu'elle mérite.

Le sieur *Desquinemare*, convaincu de l'application qui peut en être faite avec succès à un grand nombre d'objets *usuels*, s'est appliqué, outre les seaux à incendie, les sacs à matelots, etc., à faire confectionner dans sa manufacture plusieurs autres objets d'une utilité reconnue : il en présente un détail succinct dans le tableau ci-après.

NOMENCLATURE

Des différens Etats auxquels les Toiles imperméables sont propres, et Moyens d'en faire usage.

N°. Ier. *Les Ingénieurs et Mathématiciens.*

En faisant faire des étuis de toiles imperméables pour leurs instrumens, ils les préserveront de l'humidité, et les empêcheront de se déranger : ils pourront encore en couvrir la tablette qui porte leur niveau, et en faire fabriquer des manches ou tuyaux, pour renfermer leurs plans et papiers, ainsi que des pantalons à pieds, guêtres ou bas, pour traverser, sans se mouiller, les ruisseaux et marais, et une pélerine avec capuchon, pour continuer les arpentages dans des momens pressés, malgré le mauvais temps (1).

N°. II. *Les Mécaniciens et Machinistes.*

Garantiront de la rouille leur fer et acier, en les frottant de l'enduit des toiles.

N°. III. *Les Physiciens.*

Pourront remplacer par la toile imperméable les vessies dont ils se servent pour mettre différens gaz ; elle peut servir à faire de petits tapis pour mettre sous les pieds des personnes qu'ils électrisent ; à couvrir en grand leur machine électrique, pour la garantir de l'humidité, et tous les autres instrumens d'un cabinet de physique : elle peut servir, en outre, pour les expériences, à remplacer le verre, puisqu'elle est elle-même un isoloir (2).

N°. IV. *Les Aérostiers.*

L'avantage de l'enduit des toiles, qui est de n'être ni collant ni cassant, et de résister à l'acide vitriolique, peut être d'un grand secours aux aérostats, et voici comment :

On formera, de la toile imperméable, un réservoir tenant à l'appendice du ballon dans le fond de la nacelle, pour y recevoir et comprimer à volonté l'air inflammable

---

(1) Pareils objets ont été mis en usage par MM. Baradelle père et fils, ingénieurs demeurans rue Saint-Honoré, vis-à-vis l'Oratoire, à Paris.

(2) M. Lebreton, physicien, demeurant abbaye Saint-Germain-des-Prés, en a fait usage avec succès.

du ballon. Ce réservoir allégera le ballon d'un grand tiers de l'air dont il sera rempli ; cet air pourra se comprimer dans le réservoir, lorsque l'aérostier voudra descendre ; et lorsqu'il desirera monter, en ouvrant le robinet l'air rentrera dans le ballon et le forcera à se relever : l'aérostier pourra donc, avec ce réservoir, faire un voyage de long cours.

Pour utiliser davantage les ballons, qu'on n'est point parvenu jusqu'ici à diriger, et qui sont forcés de suivre le courant du vent, le sieur *Desquinemare* engage les aérostiers à faire usage des ailes qu'il a inventées. — Le moyen en est simple, facile, et sert à faire avancer le ballon en ligne droite, en suivant néanmoins la direction du vent : avec ces ailes et un vent modéré de vingt-quatre pieds par seconde, on ne fait pas moins de six lieues à l'heure ; et le vent devenant plus fort, on peut encore accélérer la course de l'aérostat, en agitant légèrement les ailes qu'il a fixées de chaque côté.

Dans le cas où le ballon dont on vient de parler creverait, l'aérostier, s'il s'est pourvu d'un parachûte (*aussi de l'invention du sieur Desquinemare*), descendra sans accident ; et s'il est tombé dans la mer ou dans quelque précipice, la nacelle de toile imperméable garnie du réservoir rempli d'air, le soutiendra sur l'eau ; l'aérostier pourra alors s'orienter, recoudre les déchirures de son ballon, et ensuite, pour remonter, le remplir de l'air de son réservoir. Si celui du ballon était perdu, et que le réservoir ne pût en fournir assez pour le faire remonter, l'aérostier aurait la dernière ressource d'aller à terre ; il devrait faire usage alors de la voile et des rames dont il se serait pourvu ; et remplissant d'air de moyens ballons qu'il attacherait autour de sa nacelle, il supporterait la mer : ayant eu la précaution de se munir de quelques subsistances, il n'y a pas de doute qu'il ne résistât pendant plusieurs jours à l'élément en fureur, et enfin qu'il ne se sauvât du danger en abordant une côte.

Dans le cas où il se trouverait trop éloigné des lieux habités, ou dans un précipice, ou entre deux montagnes, de façon à ne pouvoir être apperçu de loin, pour indiquer l'endroit où il se trouverait, à l'effet d'avoir du secours, il remplirait avec l'air inflammable de son réservoir ces mêmes moyens ballons (s'il ne les avait pas déjà employés, ou d'autres,) qu'il attacherait avec une longue corde à sa nacelle : par ce moyen il pourrait espérer d'être apperçu et secouru (1).

N°. V. *Les Chimistes.*

La toile imperméable remplace avec succès les chambres de plomb, qui servent à faire du vitriol et coûtent des sommes immenses.

N°. VI. *Les Salpêtriers.*

Elle remplace d'une manière très-utile les bassinoires de cuivre dont ils se servent pour l'évaporation et cristallisation de leurs salpêtres.

(1) Les personnes qui désireront se procurer tout cet appareil, sont priées d'en prévenir le sieur *Desquinemare* un mois d'avance.

N°. VII. *Les Architectes, Appareilleurs, Entrepreneurs de Bâtimens, Arpenteurs et Maîtres Maçons. — Pour les grands Edifices.*

La toile imperméable peut être d'un grand secours pour la consolidation et conservation des édifices, surtout des voutes, des ponts, des quais, des terrasses, aqueducs et égouts, en en mettant sur toute leur longueur et largeur, avec la précaution d'en réenduire les coutures sur place ; son imperméabilité empêchant alors l'eau et l'humidité d'y pénétrer, donnera au ciment la facilité de se durcir aussi fortement au bout de trois mois que celui que nous voyons dans les édifices des Romains, sans qu'on puisse craindre que cette toile se pourrisse sous terre, ce qui en épargnera les réparations (1).

N°. VIII. *Les Scieurs, Tailleurs de pierre et Marbriers.*

Se garantiront de la pluie et du soleil, en se couvrant de cette toile étendue sur un châssis.

N°. IX. *Les Paveurs.*

En étendant une banne de toile imperméable sur les pavés qu'ils font par les mauvais temps, ils les garantiront de la pluie, de toute humidité, et leur ciment durcira très-promptement.

N°. X. *Les Sculpteurs sur pierre et autres Artistes travaillant en plein air.*

En formant des châssis de toile imperméable, ils se garantiront de la pluie, de toute humidité, et en hiver se procureront encore une chaleur douce (2).

N°. XI. *Les Charpentiers et Menuisiers.*

En couvrant de la toile imperméable toute espèce de charpentes, menuiseries ou sculptures en bois fraîchement travaillées, ils conserveront ces objets, et les empêcheront de se gauchir ou gâter par l'humidité.

N°. XII. *Les Propriétaires de maisons de ville, halles, marchés, foires, ateliers d'ouvriers, hangars, appentis, granges, celliers, bergeries, échopes, etc.*

Trouveront une grande économie dans la construction et la réparation de leurs maisons, en les faisant couvrir de la toile imperméable (3) : elle remplace parfaitement les plombs, les ardoises, les tuiles, les gouttières de ferblanc et les auvents

---

(1) Ainsi qu'il a été fait à Boulogne, près Paris, chez M. Le Camus.

(2) Comme il vient d'être fait à la colonne de la place Vendôme.

(3) Comme l'a été celle de M. Baradel, faubourg Saint-Jacques, qui depuis huit ans n'a exigé aucune réparation, ainsi que la Halle au Blé, le Marché-Neuf de Saint-Jacques-la-Boucherie, la terrasse du château de Mme. de Vaudemont à Surène, les tentes de Frascati et des

en bois ; elle ne nécessite pas une aussi forte charpente, et elle met à l'abri du vent et de l'humidité les greniers et les mansardes : outre ce précieux avantage, elle a encore celui de garantir du tonnerre (1).

Les propriétaires empêcheront la filtration des fosses, en les doublant de toiles imperméables ; on sait que les matières fécales empoisonnent fréquemment les puits, les caves et autres lieux qui avoisinent les fosses d'aisance, quand celles-ci suintent, ce qui arrive presque toujours dans les temps humides ; en se servant de l'avantage que procure la toile enduite, non seulement ces incommodités cesseront, mais encore les propriétaires s'éviteront des réparations ruineuses et journalières dans cette partie des bâtimens.

Pour jouir plus promptement des pavés de grès qu'ils font faire l'hiver dans leurs cours et par des temps pluvieux, ils pourront étendre dessus une banne de la toile ci-dessus (*que le sieur Desquinemare leur louera, s'ils ne veulent l'acheter*) ; et par-là, garantissant les pavés de l'humidité, ils procureront au ciment de ce pavé l'avantage de se durcir promptement, et au point où nous voyons ceux des anciens.

Ils pourront encore, pour les cas d'incendie, avoir chez eux des réservoirs, des seaux, des manches ou tuyaux, et de petites pompes sans piston, ou gros soufflets à eau de la toile imperméable.

L'utilité de ces objets se fait vivement sentir tous les jours ; le sieur *Desquinemare*, pour satisfaire aux demandes qu'on lui en fait, les fabrique chez lui.

N°. XIII. *Les Propriétaires de maisons de campagne et les Agriculteurs.*

Outre le grand avantage qu'ils trouveront dans la toile imperméable pour toutes espèces de couvertures de maisons, angars, granges, celliers, bergeries, meules de blé, de fourrages, etc., ils pourront s'en servir, en suivant les moyens indiqués, dans les cas d'incendie.

Dans les plus grandes chaleurs de l'été, ils pourront aussi conserver dans des bassins ou réservoirs de toile imperméable, de l'eau qui se maintiendra salubre et même fraîche, ce qui doit être un point capital pour les hommes et les animaux dans les mois les plus chauds de l'année.

On leur fournira, quand ils voudront revenir en ville, de grands sacs de cette toile pour renfermer pendant tout le temps de leur absence, telle longue qu'elle soit, leurs matelas, couvertures de laine, oreillers, linge, etc., et des housses de la couleur désirée, aussi de cette toile, pour les fauteuils de laine ou d'étoffe, à l'effet

---

cafés Véry et Doyin, aux Tuileries et au Luxembourg, et les salles factices qui servent à chaque renouvellement de fêtes que donne la commune à l'Hôtel-de-Ville, sans compter nombre de bannes et auvents qui se fournissent journellement aux limonadiers et aux marchands forains.

(1) Ainsi qu'il a été constaté par MM. Charles, Lebreton, Chevalier, et autres habiles physiciens, d'après les expériences qu'ils en ont faites et réitérées.

de les garantir de la poussière, de la piqûre des vers et autres insectes, de la morsure des rats, souris, et des reptiles qui s'insinuent toujours dans les rez-de-chaussée humides, surtout ceux aquatiques.

N°. XIV. *Les Palais, les Edifices publics, les Théâtres, les Manufactures, les grands Etablissemens particuliers, etc.*

Pour arrêter plus promptement les progrès du feu, on doit les garnir de plusieurs réservoirs faits de la toile imperméable, et d'une quantité suffisante de seaux à incendie (1).

N°. XV. *Les Prisons, les Hospices, Maisons de santé, Lycées, Pensions, etc.*

En cas de feu, même précaution qu'à l'article précédent; et pour les aérer, on pourra placer au haut du bâtiment un petit panémore, qui, au moyen de conduits, fera jouer, dans les lieux les plus reculés, des soufflets de toile imperméable qui renouvelleront sans cesse l'air.

N°. XVI. *Les Bains publics et particuliers.*

On peut employer les baignoires fabriquées à la manufacture. — Elles sont d'osier, garnies de toile imperméable de la couleur qu'on désire; elles sont à soupape de cuivre, et portées sur des planches minces à roulettes; elles présentent le double avantage de l'économie et de la propreté; on y chauffe l'eau comme à celles en cuivre, soit par le moyen d'un réservoir d'eau chaude, soit par celui d'un cylindre, sans que sa chaleur en détériore la toile, qui résiste à l'eau bouillante.

Les Bains de vapeurs. — Elle peut servir encore aux bains de vapeurs. — En voici les procédés. On fera asseoir le malade, ou celui qui en veut faire usage, sous un peignoir fermé *en forme de cloche;* le haut le sera également, mais hermétiquement, par une coulisse et sous le col, de manière à ce que la tête soit libre. — On mettra ensuite une bouilloire d'eau devant un feu de cheminée peu éloigné de la cloche en question; la vapeur de l'eau s'insinuant dans un tuyau adapté au couvercle de la bouilloire, *en forme d'alambic*, ira passer sous la cloche pour lui donner la quantité de vapeur nécessaire. — L'effet de ce bain est infaillible; il est d'ailleurs dirigé ou ordonné par le médecin (2).

N°. XVII. *Les Malades de maux de tête, de rhumatismes, de la goutte, de point de côté, d'oppression de poitrine, d'estomac.*

Trouveront un grand soulagement à leurs maux, et même la guérison, s'ils font usage de serre-tête, manches, bas, gants, guêtres de toile imperméable, *mis*

---

(1) Ce qui a été approuvé par MM. Liégeon, Célerié, Chalgrin, Bellanger, Fortaire, architectes, et M. Ledoux, commandant en chef des pompiers.

(2) M. Abert, baigneur, quai Bonaparte, en a fait les premières épreuves avec succès.

par-dessus de la flanelle, et de couvre-pieds de lit *par-dessus la couverture de laine.* Cette toile les fera transpirer, et maintiendra chez eux le sang dans sa circulation habituelle. — Ils pourront aussi employer dans leur lit des moines de toile imperméable remplis d'eau chaude, pour entretenir la chaleur de leurs pieds en hiver (1).

N°. XVIII. *Les Accoucheurs, Sage-femmes, Garde-malades, Nourrices, Blanchisseuses, Épiciers, Marchands de couleurs, etc.*

Des tabliers de toile ou taffetas imperméable peuvent leur être de la plus grande utilité; cette toile sert en outre à former des sous-draps de lit aux malades et aux enfans.

N°. XIX. *Les Pompiers.*

Outre les seaux à incendie, fournis par le sieur *Desquinemare* aux corps-de-garde des pompiers, on pourra encore leur fabriquer des réservoirs portatifs de telles dimensions qu'ils voudront; ces réservoirs sont faits comme les seaux, en osier, et garnis de toile imperméable; la légèreté de leur construction n'est point un obstacle à leur solidité; et au moyen de tuyaux ou manches à eau, pour remplacer ceux de cuir, qu'on pourra faire également de telle longueur qu'on désirera, MM. les pompiers se trouveront allégés dans leurs courses, et ces nouveaux tuyaux étant moins lourds et plus maniables que ceux de cuir, ils en tireront un service plus célère, plus utile pour le public, et moins dispendieux à l'Etat.

On leur fournira aussi des parachutes d'une nouvelle invention, en toile imperméable, disposés pour que de telle manière qu'on se jette par une fenêtre, quand le feu est dans les escaliers, l'on puisse toujours tomber sur ses pieds. — Par le secours de l'échelle ingénieuse de M. Régnier, les pompiers pourront en monter à tel étage qu'il sera nécessaire.

N°. XX. *Les Fontainiers.*

Cette toile remplace parfaitement (par économie) les plombs des réservoirs et tuyaux employés pour les lieux dits *à l'anglaise*, et elle remplace d'autant mieux aussi les fontaines de grès, qu'elles ne sont point sujettes à se fendre comme elles par la gelée, et qu'elles épurent naturellement l'eau qu'on y met.

N°. XXI. *Les Facteurs aux halles, marchés et foires, pour les marchandes de poissons, légumes, sel, graines, etc., les ravaudeuses et les savetiers dans les places publiques et dans les rues.*

Trouveront des parapluies de toute grandeur, des ayons, des tabliers et éventaires, de grandes chaises hautes, carrées ou rondes en niche, couvertes de la toile imperméable.

---

(1) Les faits ci-dessus, et l'utilité des objets qui y sont désignés, ont été constatés par MM. Caron, Thierry, Quénot, Pipelet, Marigner, Bonjour, et autres médecins en réputation.

Les Ecrivains publics. — Trouveront également des échopes ployantes portatives en châssis faits de cette toile.

N° XXII. *Les Facteurs d'orgues, de harpes et forte-piano, les Ebénistes.*

Ils pourront enduire les tuyaux de bois des orgues, ainsi que l'intérieur et l'extérieur de leurs soufflets, avec l'enduit du sieur *Desquinemare*, pour les garantir des dommages qu'occasionnent les rats et les vers.

Enduire également la table d'harmonie des forte-piano, pour leur procurer de meilleurs sons. — Dans le cas où ils n'auraient pas de bois du Tyrol de la première qualité, ils pourront y suppléer par du bois commun, en enduisant de même cette table des deux côtés, pour lui procurer une bonne harmonie (1).

Ils trouveront à la manufacture des sacs de toile imperméable pour les violons, quintes, basses et contre-basses, et des chemises pour les harpes, empêchant les cordes de se casser, en les préservant de l'humidité.

Les Ebénistes particulièrement. — Cette toile remplace parfaitement le cuir qu'ils ont coutume de poser sur les tablettes des secrétaires et bureaux, qui se racornit à la trop grande sécheresse, et se décole à l'humidité.

N°. XXIII. *Les Luthiers.*

Ils garantiront de tous accidens les instrumens à vent, en les renfermant dans des étuis de la toile imperméable ; et en humectant l'intérieur avec de l'huile d'olive ils en conserveront la justesse des sons et l'harmonie.

N°. XXIV. *Les Instituteurs, Institutrices et tous particuliers.*

On leur fournira de grandes bannes de la toile imperméable, pour la distribution des prix dans leurs cours ou jardins, et par économie, des fontaines d'osier, garnies de cette toile, comme à l'article 18, ainsi que des baignoires, seaux de pieds, seaux à incendie, réservoirs, pompes et manches ou tuyaux d'arrosage, etc (2).

N°. XXV. *Les Entrepreneurs de forges, les Balanciers, Ajusteurs, Opticiens, Fourbisseurs, Boutonniers, Quincailliers, Arquebusiers, Coutelliers, Gaîniers, Horlogers, Marchands de cuivre, métaux et fer, et tous autres qui craignent l'humidité.*

Garantiront leurs marchandises de la rouille, en les enveloppant de la toile imperméable.

---

(1) M. Delachaume, notaire à Paris, a eu un forte-piano exécuté ainsi.

(2) M. Hix, rue de Matignon, n°. 6; Mme. Debray, rue de Vaugirard, et autres personnes en font usage depuis long-temps.

N°. XXVI. *Les Cartonniers, Marchands d'Estampes, Eventaillistes, etc.*

On leur fournira des cartons et des portefeuilles doublés de toile imperméable, garantissant de l'humidité.

N°. XXVII. *Les Manufactures de Glaces et les Miroitiers.*

Empêcheront l'étamage des glaces de couler par la rouille, en posant entre l'étamage et le parquet une toile imperméable de la même grandeur.

N°. XXVIII. *Les Relieurs et Libraires.*

Garantiront les livres de toute humidité, de la piqûre des vers et de la morsure des rats et souris, en les couvrant de la toile ci-dessus, qui a cet avantage sur les peaux dont ils se servent ordinairement, et en en garnissant les rayons de leurs magasins (1).

N°. XXIX. *Les Manufactures de papier, et tous fabricants se servant d'eau bouillante.*

Trouveront des bassines et des réservoirs de toile imperméable, qui remplacent très-avantageusement ceux de cuivre et de plomb, et ils empêcheront les planchers du haut de leurs ateliers, d'être pourris par la vapeur de l'eau bouillante qui s'y imprime, en y attachant dessous un plafond de cette toile.

N°. XXX. *Les Papetiers-Décorateurs et Fabricans de Papiers Maroquinés.*

Préserveront de toute humidité les bas d'appartemens, en collant leurs papiers de tapisserie sur de la toile imperméable; le sieur *Desquinemare* a composé une colle nécessaire à cet effet, qu'il vend avec ses toiles. — Ils garantiront encore dans les transports, leurs papiers, de toutes espèces d'avaries, de morsures de rats et souris, surtout quand ils passent la mer, en les enveloppant dans des sacs de toile imperméable, faits exprès, ou en garnissant le dedans des caisses d'emballage de ces mêmes toiles (2).

N°. XXXI. *Les Porteurs de bois flottés.*

On fabrique pour eux de grands gilets à capuchon, ou de grands dossiers à manches, faits en toile imperméable, qui sont préférables aux dossiers de cuir qu'ils mettent sous leurs crochets; ils sont moins chers et les garantiront d'être mouillés, même de toute humidité. Ce dernier inconvénient les expose souvent à des maladies dangereuses; ce qu'ils ne peuvent éviter avec les dossiers en cuir, qui à la longue deviennent toujours spongieux.

---

(1) Tels qu'en font usage MM. Pierre Blanchard et Compagnie, Libraires-Éditeurs, au Palais-Royal, galerie de Bois, n°. 249.

(2) M. Forget, propriétaire et inventeur bréveté des papiers maroquinés, demeurant rue du Puits, n°. 4, au Marais, s'est toujours servi avec succès des moyens indiqués ci-dessus.

N°. XXXII. *Les Propriétaires de Glacières.*

Pour garantir leurs porteurs de glace de l'eau qui coule sur eux lorsqu'ils en approvisionnent les glacières dans des momens de dégel, ce qui expose ces porteurs à des maladies dangereuses, et les fait souvent se refuser à ce service ; on leur fournira, comme aux porteurs de bois flottés, soit de grands gilets à capuchon, soit de simples dossiers à manches, de toile imperméable.

Pour empêcher la glace qu'ils envoyent chez les limonadiers et ailleurs, de se fondre à l'ardeur du soleil ou à la pluie, on leur fournira encore, pour l'envelopper, de la grosse toile préparée pour cet objet.

N°. XXXIII. *Les Limonadiers.*

On fabrique pour eux des couvertures de toile imperméable de toute grandeur pour étendre sur des billards, afin de les garantir de la poussière, de la piqûre des vers, de l'influence de l'air, de l'humidité ainsi que de la pluie, lorsqu'ils sont en plein air dans des bosquets. — On fait aussi des tentes et pavillons stables ou ployans pour les jardins et promenades, et ils trouveront un grand avantage à couvrir de cette même toile les berceaux de treillages. — On fournit aussi des bannes de toute grandeur pour mettre à l'abri de la pluie les chaises et tabourets de paille qu'ils laissent dehors, et garantir de l'humidité que ces siéges conservent long-temps après, les personnes qui viennent à s'en servir (1).

Pour envoyer des glaces en ville, ils trouveront des paniers de toile imperméable qui empêcheront les glaces de fondre.

N°. XXXIV. *Les Loueuses de chaises dans les promenades publiques.*

Elles trouveront également des bannes de toute grandeur pour mettre à l'abri de la pluie leurs chaises et tabourets de paille.

N°. XXXV. *Les Peintres restaurateurs de Tableaux, et faiseurs d'enseignes sur toile.*

La toile imperméable est excellente pour recevoir toute espèce de peinture qui doit être exposée au grand air et à la chaleur la plus ardente de l'été, par conséquent très-favorable aux perspectives et vues que les amateurs font peindre dans leurs jardins, soit au fond d'une allée, sur un mur ou sur un simple bâti. — Elle est très-bonne aussi pour les décors qu'on employe dans les fêtes publiques, soit pour le gouvernement, soit pour les particuliers, puisqu'elle a l'avantage de résister à toutes les intempéries des saisons, et de conserver parfaitement les peintures qu'on applique sur elle.

---

(1) Ainsi qu'on le voit à Frascati ; chez M. Véry, aux Tuileries, et chez M. Dovin, au Luxembourg.

N°. XXXVI. *Les Bottiers et Cordonniers.*

Pour garantir parfaitement de l'humidité les bottes et souliers qu'ils font : il est reconnu d'après nombre d'expériences, qu'une semelle de toile imperméable mise entre deux autres de cuir atteint entièrement ce but.

Les personnes qui achètent leurs chaussures toutes faites, sans cette semelle, trouveront à la Manufacture des chaussons de cette même toile qui y suppléeront.

N°. XXXVII. *Les Fondeurs Statuaires ou de Cloches.*

La toile imperméable leur est d'autant plus nécessaire, qu'elle empêche l'humidité de s'introduire dans leurs moules.

N°. XXXVIII. *Les Galonniers, Passementiers, Frangiers, Orfèvres, Joailliers et Bijoutiers.*

Sont prévenus qu'on fait avec la toile ci-dessus des étuis, sacs et boîtes disposés pour préserver leurs marchandises du mauvais air et de l'humidité, surtout dans leurs envois sur mer.

N°. XXXIX. *Les Tailleurs d'habits.*

Emploieront avec succès cette toile pour toute espèce de vêtemens nécessaires aux personnes voyageant à pied, à cheval ou en voiture, ainsi qu'aux gens de ville ; non seulement elle les préservera de la pluie, de la grêle, mais du tonnerre : elle leur procurera encore une chaleur douce. — Il sera nécessaire que MM. les Tailleurs d'habits envoyent à la Manufacture les objets qu'ils auront fabriqués, pour y recevoir sur les coutures une légère couche d'enduit ; cette opération devient nécessaire seulement pour les culottes et pantalons destinés aux malades, parce que ceux-ci les employant par-dessus des caleçons de flanelle, sont toujours certains d'en ressentir de plus heureux effets, par les sueurs abondantes qui en seront le résultat (1).

N°. XL. *Les Bonnetiers et Lingers.*

Préserveront leurs marchandises de laine de toutes piqûres de vers, mites, etc., en les enveloppant de toile imperméable : et, s'ils le désirent, on leur fournira, de la manufacture, des bas, chaussons, guêtres, serre-tête, pantalons, etc.

N°. XLI. *Les Fabricans marchands de couvertures de laine, et autres marchandises de lainage, fourrures, plumes sujettes à la piqûre des vers et à l'humidité.*

Pour les en garantir, on leur fera des sacs exprès sur les mesures qu'ils en donneront, les prévenant de s'y prendre huit à dix jours d'avance, pour que les

(1) Suivant l'approbation de MM. Caron, Thierry, Quénot, Pipelet, Marigner, et autres médecins en réputation.

coutures que l'on enduit ayent le temps de sécher. — On fournira aux Plumassiers des étuis pour les panaches des militaires, etc.

N°. XLII. *Les Tanneurs, Corroyeurs, Mégissiers, Peaussiers.*

On fait des couvertures en forme conique, pour couvrir les cuves; des manches pour conduire l'eau, et autres liquides, des tuyaux de pompes, et de grands sacs pour empêcher les cuirs d'être piqués des vers et mangés des rats et souris (1).

N°. XLIII. *Les Tapissiers, Marchands de meubles, Commissionnaires de roulage et Entrepreneurs de déménagemens, soit par voitures, soit par brancards.*

Pour préserver les meubles et effets dans leur transport, ils trouveront à acheter ou à louer des bannes ou bâches de toile imperméable (2).

Les Tapissiers, particulièrement, pour garantir de la poussière, de l'humidité et de la piqûre des vers, les meubles précieux des campagnes pendant l'absence de leurs propriétaires ou locataires, enfermeront dans de grands sacs les matelas, le linge, etc., et feront des housses pour les canapés, fauteuils et chaises en laine ou soie : on peut en faire aussi des sourdines de fenêtres, pour éviter le bruit des rues (3).

N°. XLIV. *Les Marchands de dentelles, blondes, mousselines, linons-batistes, gazes; les Marchands de modes, Fleuristes et tous autres Marchands, Négocians-Expéditionnaires et Commissionnaires.*

Les marchandises qu'ils expédieront, soit en caisse, soit en paquets, ou autrement, conserveront en route toute leur fraîcheur, si elles sont enveloppées de toile imperméable.

N°. XLV. *Les Marchands de soieries.*

En empaquetant leurs soieries, fabriquées ou non fabriquées, dans de la toile imperméable, ils les garantiront non seulement de l'humidité et de l'air qui mange les couleurs, mais encore de toutes autres espèces d'avaries.

N°. XLVI. *Les Marchands merciers, de rubans de fil; Marchands boutiquiers en général, et les Menuisiers.*

Ils trouveront à la manufacture des rubans enduits de toutes couleurs, pour les jalousies, n'ayant point, comme les autres, l'inconvénient de se pourrir à la

---

(1) Comme à la manufacture de M. Favrol, corroyeur à Saint-Germain-en-Laye.

(2) Tel que M. Suze, tapissier, en fait usage pour le service du garde-meuble de la couronne, lesquelles couvertures sont enduites de la couleur de la livrée de S. M. I. et R.

(3) Ainsi que fait M. Deschamps, marchand tapissier rue Croix-des-Petits-Champs, n°. 31, qui a chez lui un angar couvert de toile imperméable depuis l'établissement de la manufacture.

pluie. Ils pourront aussi, par économie, faire construire les auvents des boutiques en toile imperméable.

N°. XLVII. *Les Raffineurs de sucre.*

Cette toile a, depuis l'établissement de la manufacture, toujours été employée avec succès à remplacer les tables de cuivre qui servent à l'épurement du sucre.

N°. XLVIII. *Les Brasseries et les Fabriques se servant d'eau bouillante.*

Elles pourront se servir avec avantage de tuyaux ou manches de toile enduite, pour conduire l'eau bouillante de leurs chaudières. On fabrique aussi, à leur usage, de petits jupons de toile imperméable. En suivant le procédé indiqué au n°. XXVI, ils empêcheront aussi le détériorement des planchers de leurs ateliers (1).

N°. XLIX. *Les Epiciers et Marchands de vins, vinaigre, eau-de-vie, huile, liqueurs et autres liquides.*

Pour empêcher les liquides de se perdre en coulant des barriques, il faut mettre dessous, sur des chantiers faits exprès, une toile imperméable préparée pour recevoir les coulages et les conduire à un réservoir; et pour garantir l'enveloppe des bouchons des bouteilles, et les bouchons même, des rats, souris, etc., il faut les recouvrir de cette toile.

N°. L. *Les Distillateurs.*

Trouveront des réservoirs de toile imperméable pour en rafraîchir leur serpentin, ainsi que des seaux à incendie, pour, à l'instant de leur distillation, éteindre le feu dans sa naissance, lorsqu'il y prend; et, s'ils se servent de cette toile, ils empêcheront les rats et souris de ronger l'enveloppe ou la coiffe des bouchons de leurs bouteilles de liqueurs, et les bouchons même (2).

N°. LI. *Les Pharmaciens et Droguistes.*

Lorsqu'ils font des préparations dangereuses de chimie, ils se garantiront de tout accident, en se servant de couvertures de toile imperméable ayant des yeux de verre. Ces couvertures, qui s'attachent sous le col, ont un long tuyau qui se dirige en dehors de l'appartement. On fait aussi des poches de mortier pour les pileurs.

Pour empêcher l'évaporation des barriques à esprit-de-vin, et de mettre le feu lorsqu'on descend dans les caves avec de la lumière, comme il n'arrive que trop souvent, il est essentiel de couvrir ces barriques de toile imperméable.

---

(1) M. Denis, brasseur, rue de l'Oursine, n°. 46, faubourg Saint-Marceau, se trouve très-bien des moyens indiqués au présent article.

(2) Ainsi qu'on le verra chez M. le Camus, distillateur, rue et vis-à-vis la cour Saint-Martin.

N°. LII. *Tous Marchands de liquides quelconques, et tous Particuliers qui manquent de fûts et de bouteilles, ou qui veulent économiser.*

On fabrique pour eux des outres de toute grandeur (*comme celles de peaux de bouc à vins d'Espagne*), ainsi que des dames-jeannes, bouteilles et demi-bouteilles de toile imperméable. Cette toile procure l'avantage d'empêcher les liquides de jamais se gâter, lorsqu'on a la précaution, à fur et mesure qu'on en ôte des vases qui les contiennent, de mettre dessus, avant de les reboucher, un poids quelconque, assez lourd pour qu'il puisse faire sortir l'air qui est dedans, en forçant ces vases élastiques de se reployer sur eux-mêmes.

N°. LIII. *Les Traiteurs-Restaurateurs, Rôtisseurs, Pâtissiers portant en ville, et les Entrepreneurs de fêtes dans des cours ou jardins, tant en ville qu'à la campagne.*

Préserveront de la pluie et autres inconvéniens les alimens qu'ils font transporter en ville; ils trouveront des couvertures de toile imperméable disposées à cet effet, et des paniers circulaires qui peuvent être portés par une seule personne : ces paniers conservent les alimens et entretiennent leur chaleur.

On leur fournira aussi de grandes bannes, tentes et pavillons ployans portatifs, pour les sociétés qu'ils reçoivent chez eux et qu'ils desirent quelquefois placer dans les jardins (1).

N°. LIV. *Les Magasins de Subsistances et les Marchands de Comestibles.*

Pour conserver les subsistances et comestibles quelconques, et les préserver de l'humidité, de la morsure des rats et des souris, ainsi que de la piqûre des vers, il convient de les mettre dans des enveloppes ou sacs de toile imperméable, ou dans des boîtes qui en soient garnies (2).

N°. LV. *Les Meuniers qui veulent conserver la routine de leurs moulins à vent.*

On leur indique cette toile comme un moyen sûr de tirer un plus grand effet des ailes de leurs moulins par son imperméabilité à l'air; outre qu'elle durera plus long-temps que celle qu'ils emploient ordinairement, elle donnera plus d'activité au vent.

Et, en couvrant les voitures dont ils se servent, ils préserveront de la pluie les sacs de farine qu'ils transportent; ils s'en garantiront eux-mêmes, s'ils font usage des blouses et guêtres fabriquées à la manufacture.

---

(1) Ainsi qu'il en a été fourni à M. Buzot, traiteur-limonadier, rue Saint Louis, n°. 6, près du Palais de Justice.

(2) Ainsi qu'il a été reconnu par le procès-verbal de Toulon, article de la Marine, n°. LXX.

N°. LVI. *Tous Propriétaires de voitures, et les Directeurs de messageries.*

Préserveront en route leurs voitures du tonnerre, *comme à l'article du n°. XII*, ainsi que de la pluie et de la grêle, en les couvrant de toile imperméable ; ils y trouveront aussi de l'économie. — Ils peuvent s'en servir avantageusement pour les malles, vaches, paniers d'osier, etc.

N°. LVII. *Tous Voyageurs en voiture.*

Doivent faire couvrir également leurs voitures de toile imperméable, s'ils veulent leur procurer la même garantie qu'à l'article précédent. — Ils trouveront sans doute très-commode de porter avec eux des baignoires ployantes fabriquées aussi de cette toile, qui tiennent très-peu de place, et deux sacs qui forment au besoin, en les remplissant d'air, des matelas et traversins ; ces deux objets peuvent remplacer les lits malpropres qu'on rencontre quelquefois dans les auberges.

Lorsqu'ils ne trouvent sur leur route ni pont, ni bac, et qu'ils veulent abréger le chemin, ils peuvent, à l'aide de deux grands sacs à air, de la longueur des brancards, et qu'ils mettront dessous, obtenir la faculté de traverser l'eau, sans endommager leurs voitures et ce qu'elles contiennent : peseroient-elles plus de dix milliers, elles passeront avec l'aide léger de leurs chevaux, qui seront d'ailleurs soulagés dans cette circonstance, et même préservés de tout accident, par des scaphandres qu'on leur aura mis.

Ceux à pied et à cheval. — Se garantiront pareillement du tonnerre, de la grêle et de la pluie, en se couvrant d'une redingote, rotonde ou blouse, ou d'un manteau ; de pantalon, guêtres, bas, chaussons de toile imperméable, qui leur procureront en outre une chaleur douce et modérée.

Ils pourront porter avec eux des scaphandres et grands pantalons de cette toile, pour passer à gué sans danger, et sans se mouiller, les rivières, les lacs, les étangs ou marais, lorsqu'ils ne rencontrent point de bacs ou bateaux.

Les Chasseurs et Patineurs. — Il en est de même des chasseurs et patineurs. — L'utilité des sacs de nuit de toile imperméable est surtout reconnue, de même que celle des porte-manteaux et havresacs ; ces derniers peuvent, dans l'occasion, servir aussi de scaphandres, et être par conséquent d'une nécessité absolue dans les dangers.

N°. LVIII. *Les Selliers, Carrossiers et Bourreliers.*

Pourront en couvrir les voitures de campagne, les fourgons, les charriots, les charrettes, les vaches et malles de voyage, les siéges des cochers, les selles de chevaux en renversant dessus leur housse, qui doit être doublée de toile imperméable : elle pourra encore servir à faire des soufflets et rideaux de cabriolets et de remises, ainsi que des couvertures et bonnets de jour et de nuit aux chevaux, de même que des caparaçons : cette toile est propre à tous ces objets et à une infinité d'autres, ayant l'avantage précieux de ne jamais s'écailler, d'être souple, point cassante, et de durer beaucoup.

Dans les envois de voitures que les selliers feront dans les départemens ou pays étrangers, ils conserveront parfaitement celles emballées avec de la toile imperméable, qui les préservera de l'air et de l'humidité.

N°. LIX. *Les Loueurs de carrosses, de fiacres, de cabriolets, et tous Propriétaires de voitures.*

Pour leur intérêt particulier, et pour que le public soit servi plus promptement, étant convenable que leurs cochers restent sur les places tel temps qu'il fasse, la manufacture fabrique pour eux des capotes et pélerines, ainsi que des couvertures pour les chevaux. — En doublant la housse du siége, de toile imperméable, ils les garantiront aussi de toute humidité, ayant le soin, lorsqu'il pleut, de relever les côtés sur l'extrémité du siége : ce dernier emploi de la toile imperméable peut être d'un grand secours aux cochers, qui dans les temps pluvieux, toujours assis sur leur siége, ne manquent pas d'en ressentir toute l'humidité, et de gagner alors des maladies dangereuses.

N°. LX. *Les Voituriers-Charretiers, Colporteurs-Forains et Porte-Balles.*

On fait pour leur usage des manteaux, rotondes, blouses et guêtres, ainsi que des bannes ou bâches pour leurs voitures, des couvertures pour leurs chevaux et des seaux pour les abreuver en route et arroser leurs roues.

N°. LXI. *Les Conducteurs de diligences, fourgons, charriots, de transports et convois militaires, et autres.*

Trouveront un grand avantage à couvrir leurs voitures de toile imperméable : 1°. parce que cette toile garantit du tonnerre et de la pluie les marchandises chargées ; 2°. parce qu'étant aussi souple, sans s'écailler ni se déchirer, que les toiles écrues qu'ils emploient ordinairement, elle durera plus long-temps ; par conséquent présentera économie et sûreté pour les marchandises et pour les voyageurs. — Les conducteurs de rouliers et charretiers, etc. se trouveront également très-bien de l'emploi des blouses, guêtres, etc., désignés dans l'article précédent ; et c'est principalement à cause de leur utilité qu'on leur recommande l'usage de ces objets. — Ils trouveront encore un grand avantage à faire usage, en route, des vêtemens qui leur sont convenables, ainsi que des couvertures pour leurs chevaux, et des seaux pour les abreuver et pour arroser leurs roues, *comme à l'article précédent.*

N°. LXII. *Les Conducteurs de coches d'eau, de cabanes et autres bateaux.*

Conserveront les marchandises qu'ils transportent, en les couvrant de *bannes* ou *prélarts* de toile imperméable. Ils pourront avoir à leur bord des scaphandres à air, ainsi que de grands pantalons et de grands sacs longs et plats ayant la forme de matelas, auxquels sont attachées des cordes à nœuds longues et pendantes pour s'y accrocher, et qui, étant de même remplis d'air, peuvent avantageusement remplacer à bord les bouées de sauvetage dans des cas périlleux; ils pourroient en distribuer à leur équipage et aux passagers pour les empêcher de périr. — Ces objets peuvent servir même aux personnes qui ne savent pas nager; et il est d'autant plus facile d'en avoir à bord, qu'une boîte de six pieds de long sur trois de large peut en contenir cinq à six cents (1).

Les voyageurs par eau, ou autres personnes qui voudroient s'en procurer, les trouveront tout faits à la manufacture, où on leur donnera les instructions nécessaires pour s'en servir.

On fabrique encore à la manufacture, des bateaux insubmergibles de toile imperméable. Nous croyons ces bateaux de la plus grande utilité aux entrepreneurs de coches d'eau, qui devroient en avoir toujours à bord. — Un seul homme peut aisément les porter ployés : dans des cas fâcheux, ils peuvent contenir chacun une vingtaine de personnes et les sauver (2).

Les Bateliers tireurs de sable. — Les tireurs de sable, qui se mettent souvent en danger de couler bas par les fortes charges dont ils remplissent leurs bateaux, s'en garantiront en mettant sous la levée d'iceux deux forts scaphandres.

Lorsqu'il arrivera des voies d'eau aux embarcations ci-dessus désignées, il sera facile de les boucher, en clouant sur le trou près à près, et en triangle, un morceau de toile imperméable.

N°. LXIII. *Les Mariniers de rivière et Conducteurs de trains de bois.*

La toile imperméable est utile pour couvrir leur cabane; on en fabrique à la manufacture, de ployantes, sur des châssis, lesquelles ont l'avantage de garantir de l'humidité, du vent, du froid et des effets du tonnerre. — Les scaphandres peuvent aussi leur devenir nécessaires, s'ils ne savent pas nager.

N°. LXIV. *Les Pataches d'eau, les Bateaux de Bains, de Teinturiers, de Blanchisseuses, et autres qui se couvrent.*

Les propriétaires de ces différens établissemens trouveront un grand avantage dans la toile imperméable, étant excellente pour les toîtures légères (3).

---

(1) M. Bralle, ingénieur-hydraulique en chef du département de la Seine, et M. Magin, inspecteur-général de la navigation, ont approuvé ces scaphandres et sacs par procès-verbal du 28 vendemiaire an XI, qui ont été remis au Ministre de la Marine et des Colonies, par M. le Conseiller-d'Etat, Comte, Préfet de Police.

(2) Même approbation desdits sieurs pour les bateaux ployans, portatifs et insubmergibles, de cette toile, d'après expérience faite suivant procès-verbal du 16 fructidor an XI, remis pareillement au Ministre de la Marine par M. le Préfet de Police.

(3) Le bateau de Natation de M. de Ligny en est couvert, et l'ancien bateau des Bains Vigier du Pont-Marie l'avoit aussi été.

N°. LXV. *Les Artificiers.*

Trouveront à la manufacture toute espèce de sacs ou de caisses doublées de toile imperméable, pour renfermer les pièces d'artifices qu'ils désirent transporter, et les garantir de l'humidité, malgré les temps pluvieux.

N°. LXVI. *Les Arsenaux et Marchands de poudre à tirer.*

On fabrique à la manufacture des sacs de toute grandeur, pour contenir la poudre et la garantir de toute humidité, lesquels mis ainsi dans des barrils, peuvent être transportés par-tout (1).

N°. LXVII. *Les Mineurs de charbon de terre.*

Des vêtemens fabriqués avec la toile imperméable les garantiront des pleurs de la terre, qui leur tombent continuellement sur le corps lorsqu'ils travaillent (2).

N°. LXVIII. *Les Gadouards.*

Pour les préserver du plomb et du mauvais air dans les fosses et puisards, même ceux abandonnés depuis long-temps, on leur fournira un couvre-tête avec des yeux de verre et un long tuyau pour respirer l'air atmosphérique.

N°. LXIX. *Les Jardiniers.*

Pourront faire venir des asperges et petits pois en hiver comme en été, en attachant sur les plans qui les contiendront une banne de toile imperméable de la grandeur de ces plans, et ayant le soin de la fixer aux quatre coins et aux quatre milieux par des piquets, à six pouces de terre : cette toile garantira parfaitement de la gelée, et donnera un degré de végétation satisfaisant. — On pourra employer avec succès le même procédé pour les choux-fleurs, artichauts, et toutes espèces d'herbage.

Pour faire venir en pleine terre des orangers, citroniers et autres arbustes craignant le froid, on formera tout autour un grand saç de toile imperméable, dont le bas devra entrer de quatre pouces en terre, ayant la précaution d'y établir au midi un châssis vitré de quelques carreaux, qu'on ouvrira aux plus forts momens de la chaleur du soleil. — La vapeur de la terre qu'excitera encore la vertu de l'enduit de la toile, procurera aux arbustes qui en seront entourés, le même degré de chaleur que les poêles qu'on établit dans les serres chaudes.

---

(1) M. le Contre-Amiral de la Touche-Tréville a reconnu ces sacs excellens contre l'humidité; en ayant fait plonger un, bien lié, dans l'eau, sans être dans son barril, pendant plusieurs heures, la poudre qu'il contenoit a produit la même explosion que si elle fût sortie de la poudrière; l'expérience a été faite en présence du Ministre de la Marine.

(2) Tel qu'il en a été fourni à M. de Solage, propriétaire de plusieurs mines.

On ne craint pas d'avancer que les orangers entourés de toiles imperméables deviendront plus forts et plus beaux en trois ans, ainsi, que ceux des pays chauds et encaissés ne le deviennent en six.

En fixant solidement en terre un châssis fait en forme de bannière d'église, dont le bâton ou manche sera d'une grandeur approximative de l'arbre qu'on voudra garantir, on empêchera tous les arbres à fruits d'être grillés par le soleil ou par la gelée, lorsqu'ils sont en fleurs.

L'air ne pouvant pénétrer la toile ci-dessus, on pourra s'en servir à la place des paillassons employés à garantir les serres chaudes du vent du Nord, ou à tous autres usages appropriés au jardinage (1).

La toile imperméable convient encore parfaitement pour faire des ruches d'abeilles, ayant la qualité d'empêcher les rats, souris et les insectes destructeurs d'y pénétrer pour manger le miel (2).

On fournira aux jardiniers et propriétaires des arrosoirs et petites pompes portatives, pour écheniller et arroser les arbres; des panémores et des pompes sans piston pour faire monter l'eau des puits, et des tuyaux pour la conduire dans des réservoirs d'un muid et plus, qu'on fabrique également à la manufacture, et qu'il est possible de transporter par-tout.

N°. LXX. *Les Troupes de terre et de mer.*

Les soldats, lorsqu'ils sont en route par le mauvais temps, surtout en hiver, jouiront des avantages inappréciables : 1°. de garantir de toute humidité, avec des fourreaux de toile imperméable, leurs armes, fournimens et ustensiles; 2°. de se préserver eux-mêmes de la pluie, de la grêle, des effets du tonnerre, de l'air pestilentiel des marais, et du froid, la toile imperméable procurant une chaleur douce en faisant usage de capotes et redingotes, de guêtres, pantalons et autres vêtemens fabriqués pour eux à la manufacture; 3°. de pouvoir coucher par terre sur des matelas et traversins faits de toile imperméable, qui, remplis d'air, font l'effet des meilleurs matelas de laine, procurent une chaleur tempérée, et exemptent par-là des maladies, suites nécessaires des bivouacs; 4°. des scaphandres, excellens pour passer, sans se mouiller, les rivières et marais, et toujours utiles à la poursuite de l'ennemi (3).

Les matelas dont on vient de parler peuvent, dans ces cas-là, servir parfaitement de radeaux; étant remplis d'air, ils surnagent et peuvent porter plusieurs hommes: les habiles généraux de terre et de mer ne manqueront pas d'apprécier ces moyens qu'on croit de la plus grande utilité. — On peut encore, dans ces circonstances,

---

(1) On n'employe pas autre chose dans les jardins de Malmaison.

(2) Il y en a plusieurs d'établies dans le jardin des Plantes.

(3) Ainsi que le prouvent les expériences réitérées qui en ont été faites et approuvées par MM. Magin et Bralle, ingénieurs-hydrauliques, devant S. Exc. le Ministre de l'Intérieur et M. le Conseiller-d'État Préfet de Police.

employer les bateaux ployans de toile imperméable, dont il est parlé au n°. LXII, en plaçant dans les bagages des corps plusieurs de ces objets devenus nécessaires; leur poids est si léger, qu'ils ne pourront retarder la marche des troupes, et l'accéléreront au contraire, tant on est assuré de leur utilité.

N°. LXXI. *La Marine.*

Les toiles imperméables sont particulièrement propres à faire des coiffes de tête de mâts et à couvrir les cabestans; à remplacer toutes espèces de prélarts, à faire des capotes pour les officiers de quart, les sentinelles, les gardiens; des gilets et pantalons de matelots, calfats, soldats et autres individus attachés à la marine; des seaux à incendie; des étuis à voile; des sacs de conservation pour toutes espèces de comestibles. — Elles sont également propres à faire des toiles de chambre, des tentes de nuit pour les embarcations, des hamacs, des guérites ployantes et portatives que la fureur des vents peut renverser, des couvertures de angars, d'ateliers, etc.; à faire des fourreaux pour toutes espèces d'armes, et les préserver de la rouille; à garantir le corps des pompes des trop fréquentes impressions de l'air; à faire des manches de pompes à eau, vin, huile et liquides quelconques; des matelas de faux sabords; des brais de mâts et de pompes; des sacs pour renfermer la poudre dans leurs barrils et pour l'exempter de toute humidité (1); des sacs à matelots pour renfermer les hardes, papiers, etc. des officiers et matelots.

On peut assurer encore qu'elles sont très-propres à faire toutes sortes de voiles de navires, ou de moindre embarcation; et comme on en enduit de diverses couleurs, les amateurs trouveront peut-être agréable d'en employer dans la voilure des barques, chaloupes, ou canots de parades et de cérémonies (2).

La toile imperméable garantissant surtout tous les objets qu'elle renferme, des impressions de l'air, de l'eau, de la morsure des rats et souris, et de tous les

---

(1) D'après les expériences qui ont été faites et réitérées à Toulon, au Hâvre et à Dieppe, des sacs de cette toile renfermant de la poudre à tirer, cette poudre restée pendant trente-six heures dans l'eau, n'a point été endommagée, et a produit une explosion aussi forte que celle qui n'aurait pas été soumise à pareille épreuve.

Il en résulte que pendant les combats sur mer, pour empêcher les bombes ou autres artifices de mettre le feu à la sainte-barbe des vaisseaux, les poudres étant mises dans des sacs de cette toile, renfermés eux-mêmes dans des barrils attachés au vaisseau, pourront être jetés à la mer; d'où on les en retirera à fur et mesure des besoins, sans avoir la crainte des accidens toujours inséparables des combats sur mer.

(2) Sur l'invitation de plusieurs officiers distingués de la marine française, le sieur *Desquinemare* s'est étudié à fabriquer des voiles de toiles très-fines et très-fortes, nécessaires dans les vents faibles; lesquelles étant de la même grandeur que les voiles ordinaires, obtiendront un tiers de plus en vitesse sur les autres, par leur imperméabilité.

insectes, les marins pourront l'employer à plusieurs autres usages qui nous sont inconnus (1).

Cette toile est reconnue encore pouvoir d'autant mieux remplacer les papiers à doublage pour les vaisseaux et navires, que son enduit ayant la qualité de garantir les bois de la piqûre des vers, et d'empêcher l'eau de filtrer par les jointures des bordages et par les fentes qui peuvent s'y faire, les rend pour ainsi dire naturellement insubmergibles.

L'enduit qui sert à la toile imperméable peut remplacer avec avantage le goudron dans la fabrication des cables et cablots, qui à la longue se pourrissent dans l'eau (surtout lorsqu'ils posent sur la vase) ou se sèchent de façon à n'être pas toujours maniables. — Les cables et cablots étant fabriqués avec l'enduit des toiles, n'auront pas cet inconvénient, ils seront flexibles et se conserveront dans l'eau; il suffira pour cela d'avoir le soin d'enduire séparément les cablots qui doivent composer les gros cables, et quand ceux-ci seront formés, de les couvrir de l'enduit. — On peut assurer que tous les cordages en général fabriqués de la sorte, dureront infiniment plus que les autres.

On croit devoir observer que les sacs aux poudres et ceux pour les comestibles, qui se trouvent vides, ainsi que les matelas et traversins, étant tous faits de toile imperméable, peuvent être, dans les momens de grands dangers, d'un secours certain; il suffira, pour cela, de les remplir d'air avec un fort soufflet; et les attachant au-dedans et au-dehors du vaisseau en danger de périr, en s'aidant, si on veut encore, des futailles et pièces à eau vides, on empêchera le vaisseau de chavirer ou de couler bas. On a la preuve, en outre, que les soutes étant soigneusement garnies en-dedans de ces toiles, contribueront encore au soutien du vaisseau (2). Des ceintures de navire formant scaphandres, peuvent être encore d'une grande ressource dans ces cas fâcheux (3).

En outre, les vaisseaux de l'Etat et ceux du commerce trouveront surtout une

---

(1) Le tout consigné dans le procès-verbal remis à S. Exc. le Ministre de la Marine, des expériences qui ont été faites et réitérées de ces toiles, à Toulon, par la commission nommée à cet effet par M. le Préfet maritime, sur la demande de S. Exc.

(2) On indiquera la manière de fermer hermétiquement la porte de ces soutes.

(3) Tous ces sacs, matelas et traversins, hermétiquement fermés, ainsi remplis d'air, serviront également à sauver les effets des matelots, et à les sauver eux-mêmes en s'accrochant dessus ou aux cordes qui y sont attachées et qui doivent avoir des nœuds, leur faisant le même effet que les bouées ordinaires de sauvetage.

Il se fait, en outre, à la manufacture, des bouées de toile imperméable qui ont également des cordes pendantes à gros nœuds ou à échelons de bois, lesquelles, par une disposition nouvelle et particulière, s'enflent d'elles-mêmes, en les jetant, soit des vaisseaux à la mer, soit des bateaux ou des ponts dans la rivière; elles ont aussi l'avantage de porter plusieurs personnes. Il s'en fait de toutes grandeurs.

grande ressource dans les bateaux ployans de sauvetage *dont il est parlé aux* Nos LXII *et* LXX, qui peuvent contenir, sans chavirer, dix-huit à vingt personnes.

Chaque patache ou poste avancé pour la garde des côtes, aux embouchures des rivières, trouveront un secours certain dans les objets désignés ci-dessus. Ils pourront en faire porter par les pilotes aux bâtimens qui font naufrage aux attérages; eux-mêmes y trouveroient un grand avantage quand leurs embarcations ne peuvent tenir aux forts temps.

TAFFETAS IMPERMÉABLES A L'EAU ET A L'AIR.

Ces taffetas s'employent avec les mêmes avantages que les toiles ci-dessus, mais seulement pour les petits objets, comme vêtemens, tabliers etc., ne pouvant résister comme elles pour les gros.

CONCLUSION.

On voit, par l'utilité généralement reconnue des toiles imperméables, de quelle importance il est pour le Public qu'il ne soit pas trompé à ce sujet : il le seroit pourtant, si on ne l'avertissoit qu'il y a des contrefacteurs de ces toiles. Heureusement qu'il lui sera très-facile d'éviter les piéges qu'on lui tend, soit en s'adressant, pour avoir des toiles et taffetas imperméables, ou autres objets confectionnés, directement à la manufacture *Desquinemare*, qui a eu soin de revêtir ces objets d'un plomb et d'une marque distinctive; soit en faisant l'essai des toiles et taffetas *Desquinemare*, qui, en quelque sens qu'on les tire, prêtent sans perdre de leur imperméabilité, parce que l'enduit qui les couvre est élastique, s'allonge en tous sens, n'abandonne point le tissu, et résiste à la plus grande chaleur du soleil, avantage que l'on est loin de retrouver dans l'enduit des contrefacteurs. Cet enduit contrefait se dessèche en vieillissant, devient cassant, se pourrit par l'humidité, et n'a, pour tout dire en un mot, aucune des qualités propres à l'imperméabilité. Nous n'avons pas besoin d'ajouter combien il seroit dangereux d'employer avec confiance des objets confectionnés avec ces sortes de toiles contrefaites.

Le sieur *Desquinemare* croit devoir observer que malgré ses recherches pour la découverte de son enduit, s'il n'en eût heureusement puisé les principes dans la nature qui en est la base, ses toiles ne jouiroient pas de tous les avantages ci-dessus , étant reconnu que les contrefacteurs n'ont pu employer jusqu'à présent que les moyens ordinaires pour imiter (*seulement à l'œil*) les toiles qu'il fabrique chez lui.

Il prévient en outre le Public : 1°. qu'il trouvera à sa manufacture des *toiles de toutes couleurs*, dimensions et finesses , non seulement pour les usages dont le détail se trouve dans la nomenclature ci-dessus, mais encore pour tous autres qu'on pourroit indiquer ; 2°. que ses toiles, par leur imperméabilité, conviennent parfaitement à tous les pays du Nord , pouvant garantir du froid et de l'humidité les appartemens des maisons construites en bois ou en légère maçonnerie , soit en en doublant les tapisseries , soit en les employant comme tapisseries elles-mêmes, étant susceptibles de recevoir tous les dessins et ornemens que l'on peut désirer , comme les papiers de décoration ; 3°. qu'il imite les coutils ; qu'il exécute les commandes qui lui sont faites sur les mesures qu'on lui en donne ou qu'il en reçoit ; et qu'en les livrant ou en les expédiant il indique le moyen de les employer utilement.

Le Public trouvera aussi chez lui, de son invention, des Panémores si utiles, surtout pour remplacer les moulins à vent et à eau, aux usines, aux desséchemens des lacs, étangs et marais, et pour procurer de l'eau aux endroits qui en manquent, tels élevés qu'ils soient ;

Et des Anémomètres nécessaires aux marins.

TABLEAU COMPARATIF

Des Avantages qu'ont les PANÉMORES *sur les MOULINS A VENT.*

MOULIN A VENT.	PANÉMORE.
LE Meunier est obligé de tourner le Moulin à chaque changement de vent, ce qui fait perdre beaucoup de temps à la mouture; le Moulin ne va régulièrement que depuis quatre heures du soir jusqu'à minuit, le reste du temps n'étant pas employé se trouve perdu pour la mouture.	Le Panémore marche toujours par le vent le plus faible, comme par le plus fort. — Il double et triple la mouture suivant le degré du vent.
Il est essentiel que le Meunier n'abandonne pas son Moulin, parce, que s'il survenait un grain pendant son absence, ou un simple changement de vent, et que les ailes n'eussent point été remises au vent, elles se trouveraient exposées à être cassées.	Le Meunier du Panémore profite de tous les grains de vent pour faire mouvoir trois meules à-la-fois, s'il ne préfère activer en place d'autres usines, comme pilons, ou les pompes sans pistons, du même auteur, pour fournir de l'eau dans ses environs, jusqu'à cinq à six cents pieds d'élévation.
Dans les tempêtes le Meunier est obligé d'ôter les toiles de son Moulin, pour empêcher les accidens qui en résulteraient sans cela, tels que le feu et la destruction même du Moulin.	Dans le Panémore les tempêtes alimentent sa puissance, et font l'ouvrage que le *Moulin* ne pourrait faire dans trois mois.
Le service du Moulin nécessite la présence continuelle, au moins d'un homme.	Un seul homme peut servir plusieurs Panémores à-la-fois.
La construction et l'entretien du Moulin coûtent le double du *Panémore*; et il fait à peine la moitié de son service.	D'après tous les avantages du Panémore sur ceux des *Moulins à vent*, on se convaincra facilement qu'on peut l'employer aussi en place des *Moulins à eau*, tant pour le blé que pour les papeteries, scieries, pilons, et autres usines.

TABLE DES MATIÈRES

PAR ORDRE DE NUMÉROS.

A Paris, de l'Imprimerie de P. GUEFFIER, rue du Foin-Saint-Jacques, n°. 18.

www.ingramcontent.com/pod-product-compliance
Ingram Content Group UK Ltd.
Pitfield, Milton Keynes, MK11 3LW, UK
UKHW022153190726
13855UKWH00004B/1451

9 782013 276160